灵感源于安妮特·玛斯

作者　安吉丽卡·胡贝尔－雅尼施博士（Dr.Angelika Huber-Janisch）在德国上巴伐利亚的一个小村庄长大，现在她和丈夫居住在兰茨胡特附近。虽然选择了学习生物学，但是她对写作的热情也从未消退。20多年来，她一直坚持为杂志撰写文章。2010年，她被授予"德国自然新闻奖特别奖"（Der Wilde Rabe），以表彰这些年她在儿童和青年教育领域的突出贡献。

献给米歇尔，祝愿他每一天都阳光灿烂。

献给我的爸爸妈妈，献给一切！

绘者　安妮特·扎哈里亚斯（Annette Zacharias）在德国巴尔特生活和工作，是一名自由设计师。除了插图和概念设计工作外，她还是一位摄影师、企业形象设计师、网站设计师。她也非常热衷于设计教学，时常在大学中教授设计类课程，在初高中及其他教育机构设计跨学科教育方案。

感谢卡琳，克里斯汀。

献给玛拉。

图书在版编目（CIP）数据

探秘缤纷小水洼 /（德）安吉丽卡·胡贝尔－雅尼施著；（德）安妮特·扎哈里亚斯绘；杨磊译．-- 北京：中国海关出版社有限公司，2023.7
（发现隐藏世界的多样性）
ISBN 978-7-5175-0693-5

Ⅰ．①探… Ⅱ．①安… ②安… ③杨… Ⅲ．①微生物－普及读物 Ⅳ．① Q939-49

中国国家版本馆 CIP 数据核字 (2023) 第 101273 号

图书著作权合同登记图字：01-2023-3073

发现隐藏世界的多样性·探秘缤纷小水洼
FAXIAN YINCANG SHIJIE DE DUOYANGXING·TANMI BINFEN XIAOSHUIWA

文字作者：[德] 安吉丽卡·胡贝尔－雅尼施（Angelika Huber-Janisch）
插画作者：[德] 安妮特·扎哈里亚斯（Annette Zacharias）
译　　者：杨　磊
策划编辑：孙晓敏
责任编辑：夏淑婷
助理编辑：傅　晟
责任印制：张　霓
出版发行：中国海关出版社有限公司
社　　址：北京市朝阳区东四环南路甲 1 号　　邮政编码：100023
编 辑 部：01065194242-7502（电话）
发 行 部：01065194221/4238/4246/5127（电话）
社办书店：01065195616（电话）
https://weidian.com/?userid=319526934（网址）
印　　刷：北京天恒嘉业印刷有限公司　　经　　销：新华书店
开　　本：787mm × 1092mm　1/8
印　　张：8　　字　　数：66 千字
版　　次：2023 年 7 月第 1 版
印　　次：2023 年 7 月第 1 次印刷
书　　号：ISBN 978-7-5175-0693-5
定　　价：78.00 元

发现隐藏世界的多样性

探秘缤纷小水洼

[德] 安吉丽卡 · 胡贝尔 - 雅尼施 著
[德] 安妮特 · 扎哈里亚斯 绘
杨磊 译

中国海关出版社有限公司
· 北京 ·

目录

小水洼栖息地

◇迷你的神奇世界

只有泥和水？哈，不可能！小水洼中可热闹得很——如果想要数清小水洼中有多少种生物，你大概很快就会放弃，因为实在是太多了！虽然小水洼通常都非常小，但它却是一个“生物多样性热点”，这是用来描述某地生物多样性显著的术语。在小水洼里，你能观察到各种各样的生物：有铃蟾（chán）、蟾蜍（chú），当然也有很喜欢吃它们的蛇和鸟类；哺乳动物、蝴蝶和野生蜜蜂也常常过来喝水；还有鸟类，例如燕子，特别喜欢来洗澡，它们还会叼走

壤土和泥土来筑巢；蜻蜓在波光粼粼的水面上闪烁着五颜六色的光芒；还有蚊子、甲虫、半翅目虫子、蜗牛和蜘蛛活跃在水上和水下。

还有很多通过显微镜才能观察到的微小动物，如水熊虫、轮虫和剑水蚤，更有数不清的卵、蝌蚪和其他幼虫。当然，在小水洼里也有一些有趣的植物可以探索。

所以，还等什么？穿上雨靴，去探索吧！但一定要注意，在探索的过程中，不要破坏这奇妙的世界！也不要踩到那些经常在水洼边上快乐爬行或跳跃的两栖动物。

小水洼是怎么形成的？

几年前，科学家们发现大象——陆地上最重的哺乳动物——留下的脚印足足有半米宽，这是小水洼形成的重要前提。在这些小水洼中，研究人员在短时间内就发现了410种小型和微型生物，其中就包括了61种不同的动物！非常神奇，是不是？虽然我们在日常生活中不常见到大象，最多只在动物园里看到它们，但这并不影响自然界中很多小水洼的出现，因为还有其他的重量级“选手”来做大象在非洲大草原做的事情：自行车、汽车、拖拉机，还有马、野猪、鹿和其他大型动物通过自身的重量在地上形成小坑。

但这么多的生物是如何进入这些小坑的呢？很简单，通过水。这常常来自空中的乌云，通过多次降雨使得这些小坑成为水洼，就好像是乌云载着这些水，它

成年野猪

们太沉了，需要卸掉水的重量。接下来发生的事情，你都知道：下雨了。在春天，冰雪融化后的水也会流入这些小坑中。

无论这些小水洼是如何形成的，它们都非常有价值。对于很多生物来说，即使是最小的水坑，也足以使它们在其中生存繁衍，养育后代。

◇静止的水域，很快就蒸发

小溪、河流的水是活水，是不断流动的，但小水洼中的水是静止的。由于小水洼很小，在太阳的照射下，它会迅速升温，里面的水不断渗出蒸发，如果一直不下雨，小水洼就会暂时变干。这很正常，尤其是那些只能从雨水和积雪融水中获取水分的小水洼。有些小水洼位于潮湿的地表，如潮湿的草地、沼泽或泥潭，它们就没有那么容易干涸了。

水就是生命

◇从小水滴到孕育丰富物种的小水洼

每滴雨都携带了一些微生物和微粒——细菌、细小的灰尘、花粉和孢子，它们就这样被送进了小水洼中。小雨滴在从云朵掉落的漫长旅程中，经过植物、屋顶、水沟和土壤，携着水蚤、轮虫、蓝藻、绿藻以及其他许多微小生物一起进入小水洼中。小水洼慢慢被填满，越来越多的小动物，例如，水甲虫、水虫，还有其他昆虫和两栖动物都来了。蚊子和蜻蜓也会飞过来，在这里产卵。

除了来喝水、洗澡的哺乳动物和鸟类，还会有其他小生物造访小水洼。这些小生物通常隐藏在哺乳动物和鸟类的皮毛和嘴里：它们当中有的是来自其他小水洼的卵和幼虫，有的是小蜗牛、螃蟹、植物种子等。还有一些则是埋在土壤中的卵和幼虫，它们在干旱中幸存下来，直到遇到小水洼后重获新生。

大雨过后，几只蝴蝶飞到小水洼边，尤其是**欧洲粉蝶**，它们特别喜欢小水洼周边泥土中的盐分和矿物质。飞蛾和蝉也因此常常光顾小水洼——但只在晚上，你已经睡着的时候。你看：小水洼以难以置信的速度迅速汇集了大量生物。让我们仔细观察这些生物吧——就从小水洼中最古老的居住者开始！

世界上现存的最古老的生物

◇鲎（hòu）虫

德国在数亿年前完全是另一幅景象：热带温暖的气候笼罩着这片土地，深邃的海洋几乎覆盖了整个地表，水下遍布着珊瑚礁，水面露出几座岛屿，森林中的巨型蕨类植物向着天空生长，巨大的恐龙在潮湿的沼泽地漫步，鱼龙在海洋深处游动，原始鸟类始祖鸟在空中翱翔。2.5亿年过去了，恐龙早已消失，只剩鲎虫，它们是活化石，是那个时代的见证者。与那个时代的巨型生物相比，鲎虫非常小，只有5~10厘米长。它们现在生活在哪里？没错，就在小水洼中！

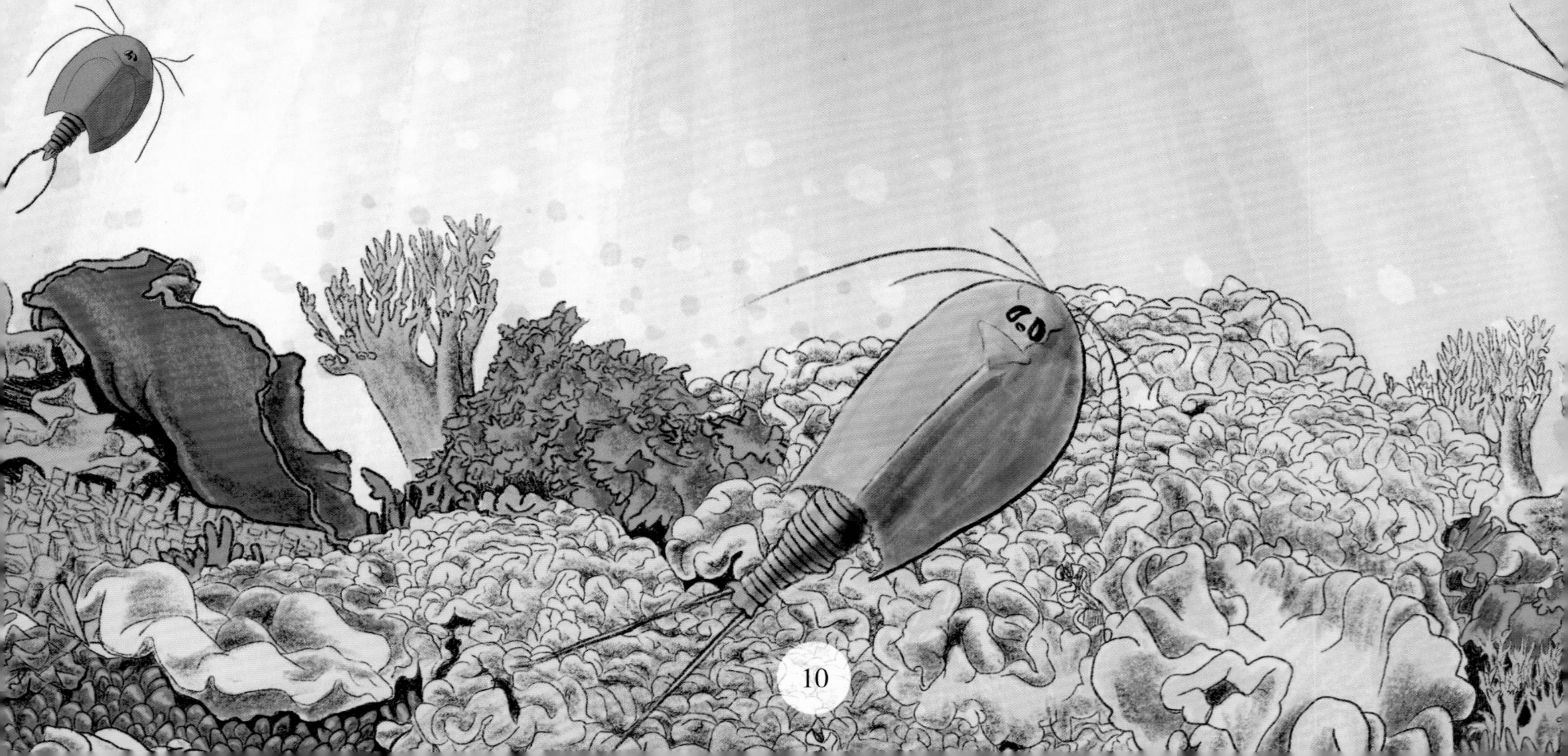

◇借助第3只眼睛可以看得更清楚

鲎虫是真正的活化石，是现今仍然存活在地球上的最古老的动物之一。在德国，小水洼中主要有2种鲎虫：一种是欧洲鲎虫，另一种是只有欧洲鲎虫一半大的背甲目，它们常常在春天出现，而且长得非常相似。除了超长的年龄外，鲎虫还有一个特点：它们有3只眼睛！

那么小，头上还有3只眼睛，这不是有点多余吗？不，如果想在小水洼里生存，这是必不可缺的！其中1只眼睛不仅能检测环境的亮度，还能监测水中的盐分含量。盐分含量过高，意味着小水洼很快会干涸。鲎虫必须做出反应，例如，生长得更快。下一场大雨，小水洼的盐分含量就会下降：更多的淡水稀释了小水洼里已有的水。在这种情况下，鲎虫必须通过调整自己体液中的盐分含量来进行干预和抵制。鲎虫头上的另外2只眼睛负责色觉。

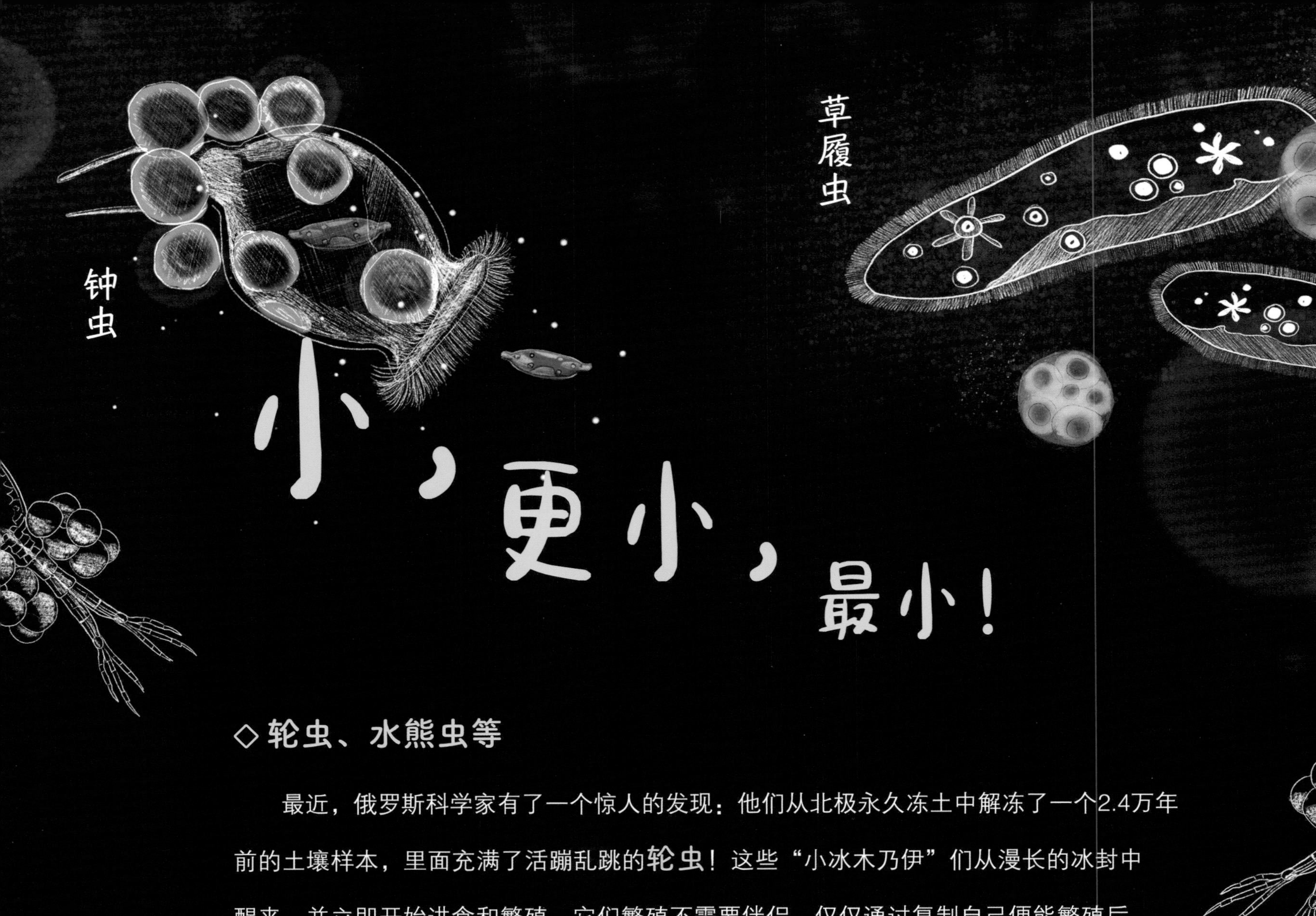

小，更小，最小！

◇轮虫、水熊虫等

最近，俄罗斯科学家有了一个惊人的发现：他们从北极永久冻土中解冻了一个2.4万年前的土壤样本，里面充满了活蹦乱跳的**轮虫**！这些“小冰木乃伊”们从漫长的冰封中醒来，并立即开始进食和繁殖。它们繁殖不需要伴侣，仅仅通过复制自己便能繁殖后代。这样的轮虫存活于北极，如今在小水洼中也有它们的身影。它们身体透明，身长只有0.1~0.5毫米。之所以被称为轮虫，是因为它的头部有活动的纤毛，看起来像一个小轮子，轮虫用纤毛来移动和进食。

伸缩式轮虫

轮虫并不是小水洼中唯一的多细胞“冷酷艺术家”。有趣的**水熊虫**只有1毫米大小，但它们可以在低于-200℃的温度下生存！它们甚至可以在没穿太空服的情况下在太空中生存——尽管它们看起来像是已经穿了很久太空服。

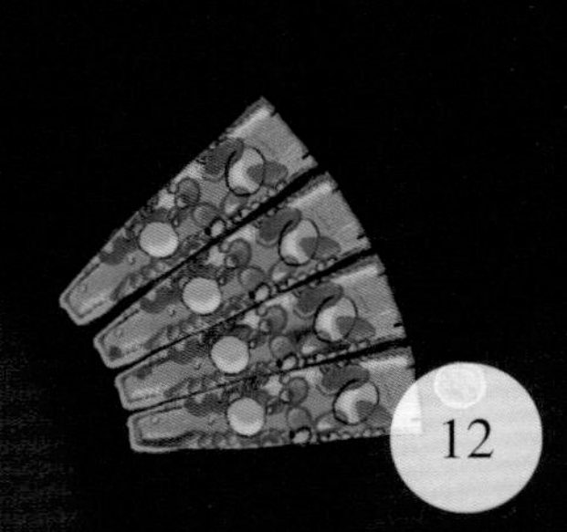

◇小水洼中的微生物群

小水洼中的其他微生物也让小水洼热闹了不少，它们虽然肉眼看不见，但活动却没停过；身长不过1毫米，行动却非常有趣。

剑水蚤只有1只眼睛，但这足以让它们生活得很好。这就是为什么它又被称为“独眼巨人”（英文为Cyclops，德语为Zyklop），看到它，人们就会联想到希腊神话中的独眼巨人。它的触角在头上，靠身体蠕动来向前移动。

草履虫和**钟虫**的身上有非常细小的纤毛，它们利用这些纤毛来觅食，食物主要为藻类。这些像小船桨一样的纤毛，还能帮助草履虫和钟虫在水里快速移动。草履虫得名于它的外形，周围细小的纤毛让它看起来就像只破损的草鞋一般。钟虫也因为外形而得名，它身上的小柄可以让它轻松地附着在其他植物或者动物身上。

小水洼里的杂技演员

◇ 水虫和盗蛛

到目前为止，我们只观察了小水洼中在水下嬉戏的小动物。水面上也有很多神奇的生物等着我们去发现呢！你有没有见过水虫和盗蛛在水面上翩翩起舞？这种水上杂技的奥妙在于水分子之间相互吸引或排斥的特性。水分子相互吸引，甚至在彼此之间建立“小桥”，形成了表面张力，这就好比在沙拉碗上覆盖了一层保鲜膜，小动物可以在上面来回走动而不下沉，但比较重的动物或其他重物则会突破这层“保鲜膜”，直接下沉——扑通，扑通，扑通。

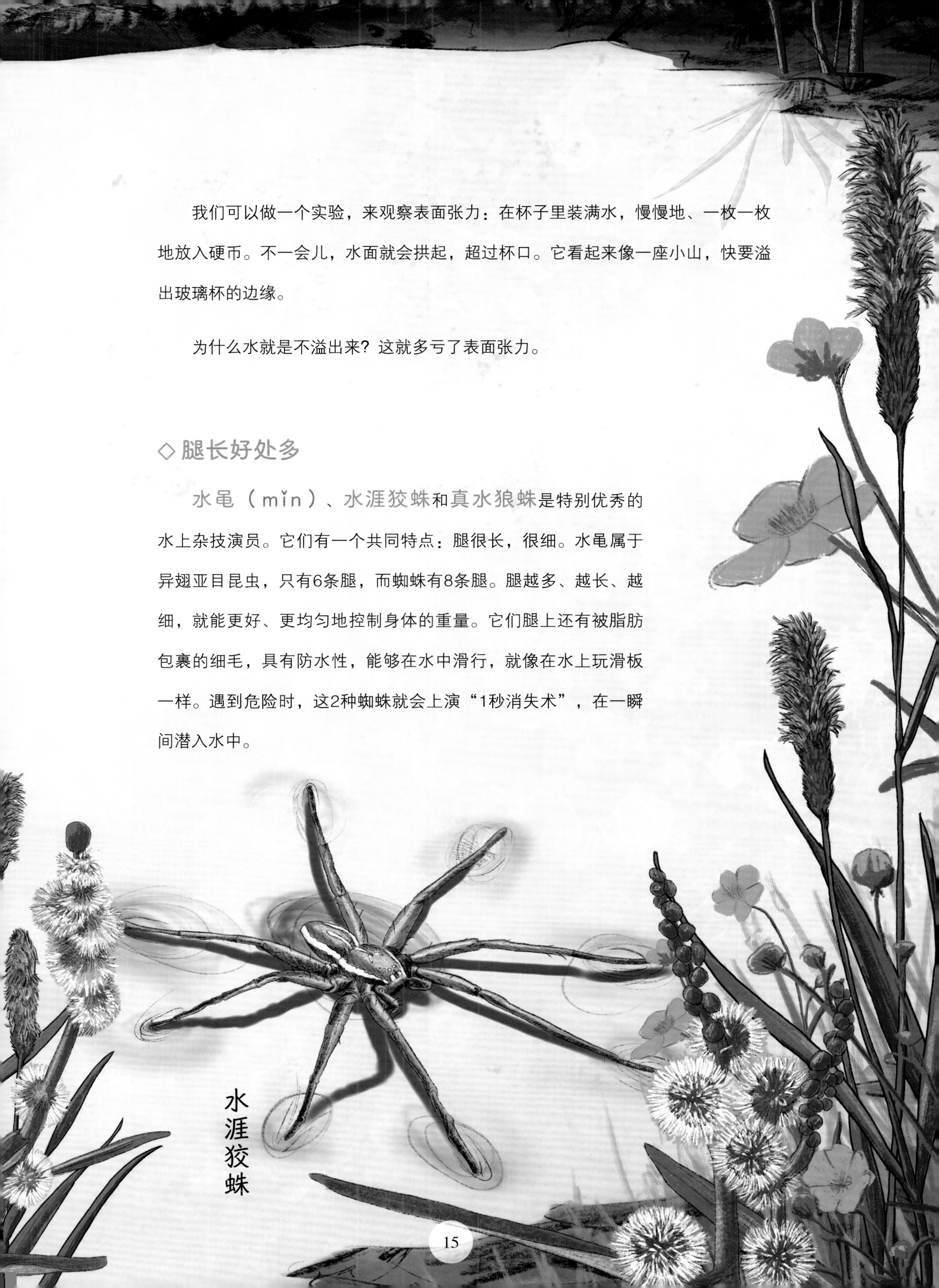

我们可以做一个实验，来观察表面张力：在杯子里装满水，慢慢地、一枚一枚地放入硬币。不一会儿，水面就会拱起，超过杯口。它看起来像一座小山，快要溢出玻璃杯的边缘。

为什么水就是不溢出来？这就多亏了表面张力。

◇腿长好处多

水黾（mǐn）、水涯狡蛛和真水狼蛛是特别优秀的水上杂技演员。它们有一个共同特点：腿很长，很细。水黾属于异翅亚目昆虫，只有6条腿，而蜘蛛有8条腿。腿越多、越长、越细，就能更好、更均匀地控制身体的重量。它们腿上还有被脂肪包裹的细毛，具有防水性，能够在水中滑行，就像在水上玩滑板一样。遇到危险时，这2种蜘蛛就会上演“1秒消失术”，在一瞬间潜入水中。

水涯狡蛛

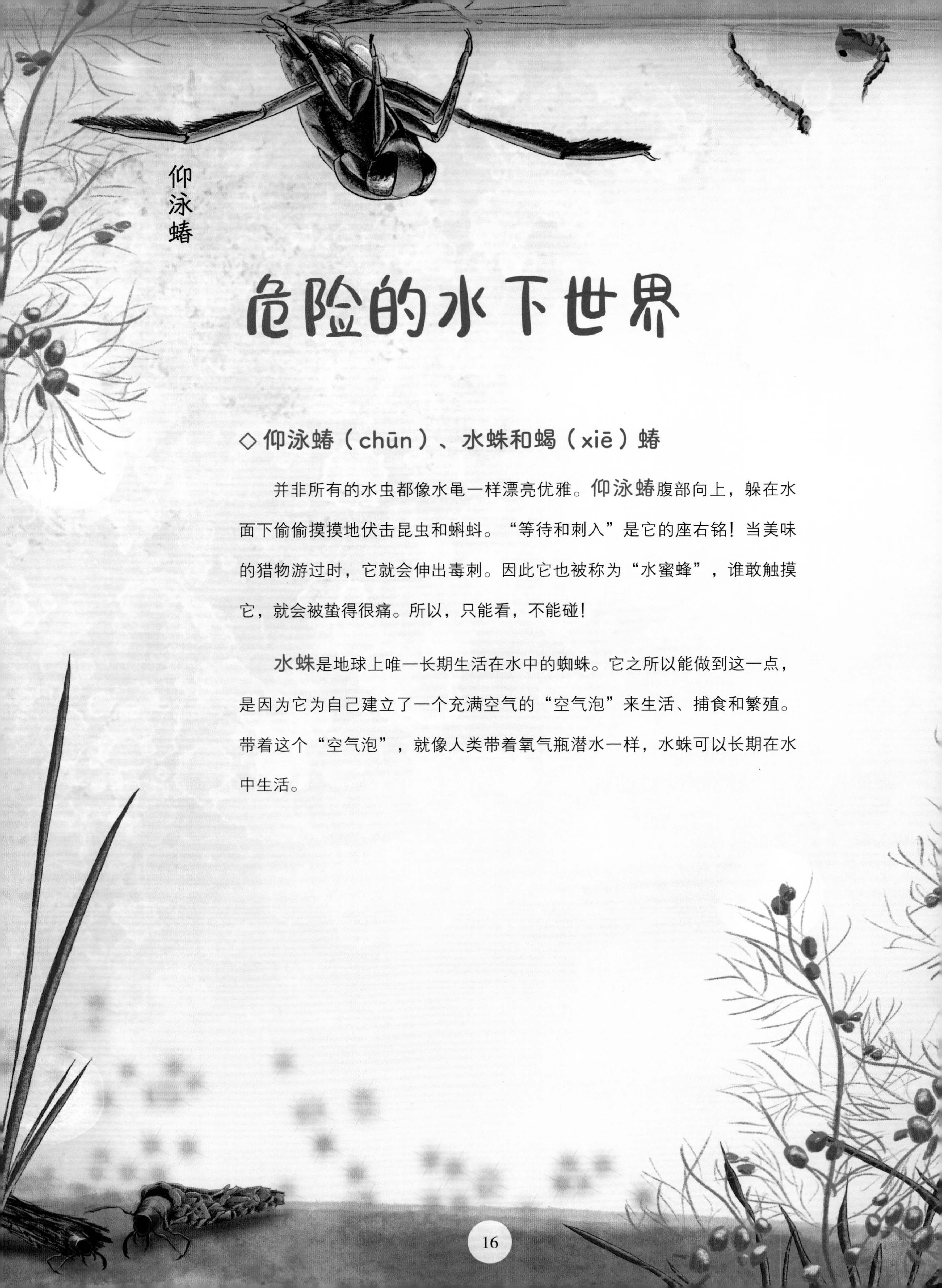

危险的水下世界

◇仰泳蝽（chūn）、水蛛和蝎（xiē）蝽

并非所有的水虫都像水黾一样漂亮优雅。仰泳蝽腹部向上，躲在水面下偷偷摸摸地伏击昆虫和蝌蚪。“等待和刺入”是它的座右铭！当美味的猎物游过时，它就会伸出毒刺。因此它也被称为“水蜜蜂”，谁敢触摸它，就会被蛰得很痛。所以，只能看，不能碰！

水蛛是地球上唯一长期生活在水中的蜘蛛。它之所以能做到这一点，是因为它为自己建立了一个充满空气的“空气泡”来生活、捕食和繁殖。带着这个“空气泡”，就像人类带着氧气瓶潜水一样，水蛛可以长期在水中生活。

水蛛利用腹部和腿上的防水绒毛浮出水面存储氧气，并将其带到水下。这时，它的腹部就像镀了一层银一般，所以也被称为“银蜘蛛”。水蛛每天只需浮出水面一次，以补充其水下“空气泡”中的空气。请不要打扰它！水蛛是少数能咬伤人的欧洲蜘蛛之一，被它咬伤不仅会疼，严重者还可能感到麻木。

另一种水下昆虫——**蝎蝽**看起来很危险，但却完全无害。它有一根非常长的刺，幸运的是，其只是作为呼吸管来呼吸。蝎蝽通过强大的钳形前腿捕食随机经过的猎物：它首先利用前腿夹住猎物，然后用它短而有力的鼻子吸食，就跟其他异翅亚目一样。

友善、漂亮的外表

◇水蜗牛和甲虫

小水洼中的许多小动物比水虫和水蛛要平和得多，但这并不意味着它们就不那么有趣了！有些还特别好看，例如蜗牛中的**静水椎实螺**和**平角卷螺**。但它们通常只出现在比较大的水洼中，尤其是有植物的水洼。“硬壳，软核”是蜗牛的特性，它属于软体动物。蜗牛的软体由一个内脏囊、腹足和黏膜组成，所有这些都由硬壳保护，**石灰**也就是碳酸钙形成了各式各样有趣的蜗牛壳。当感到寒冷、不舒服或遇到危险时，蜗牛就会缩到蜗牛壳里面。水蜗牛不仅生活在海水中，也生活在淡水中。

平角卷螺很喜欢在水池和湖泊的底部生活；而静水椎实螺则大部分时间喜欢待在水面上，只有遇到危险时才会下沉。

这两种蜗牛以植物为食，偶尔可以在较大的水洼中被发现。尽管它们有

静水椎实螺

呼吸孔，但也得上升到水面上呼吸，因为它们不像贻贝那样有鳃。

在小水洼中，有时也能看到正在游泳的龙虱，例如苏尔达龙虱。它兴奋地游来游去，掀起了不小的波浪，后腿上长长的纤毛，就像宽大的船桨一样，非常引人注意。

如果有一天你在水面上看到闪闪发亮的黑色甲虫，可以仔细观察它有没有转圈！甲虫通常会非常快速地绕圈移动。它在水面上呼啸而过，最高速度可达每秒50厘米，飞翔技术非常好！

谁在小水洼里大叫?

◇ 多彩铃蟾

呃，呃，呃……是谁在小水洼中发出奇怪的声音?

原来是一只雄性的多彩铃蟾，只见它伪装得很好，不慌不忙地伸着后腿漂浮在水洼中。它正在试图用叫声吸引雌性来交配，并把其他雄性吓跑，远离它的领地。它急需繁殖，终于找到了一个合适的小水洼，小水洼是雌性多彩铃蟾安全产卵的理想场所。因为这儿没有对幼体构成威胁的天敌，例如说很喜欢吃多彩铃蟾幼体的鱼，鱼类无法在常常面临自然干涸困境的水洼中生存。

多彩铃蟾体长约5厘米，只有小熊糖的3倍长。千万不要去触摸它：它的皮肤会分泌一种有毒的物质，刺激你的黏膜。此外，多彩铃蟾也应受到保护!

◇从背部看很丑，腹部却很美

多彩铃蟾长着带刺的皮肤疣，第一眼看上去并不漂亮：一个丰满、扁平、棕绿色的东西，头呈半圆形，腿向两侧伸展。它们可能不会在选美比赛中获胜，但这只是因为裁判往往懒得仔细往下瞧。如果从腹部观察多彩铃蟾的话，就会看到它明亮的黄色腹部，点缀着黑斑，就像小水洼里一颗明亮的太阳。

多彩铃蟾看上去真的很可怕！只有在遇到危险时，它才会露出肚皮，对攻击者发出警告。多彩铃蟾通过喉囊发声，它的喉囊也是黄色的。如果裁判能认真看多彩铃蟾的眼睛的话，它还能在选美比赛中再得几分：它有心形的瞳孔。这是不是很神奇？

幼体发育阶段

5~6周

4周

3周

2天

卵

呱呱，咕呱……

◇ 黄条蟾蜍在这里！

快捂住耳朵，黄条蟾蜍正往这里来！其实也没有那么糟糕，它们只是在狂热地合唱时很吵。每只黄条蟾蜍的喉咙上都有一个大音泡，可以像扩音器一样放大它们的叫声，甚至可以传到几百米远。它们一般距离它们的舞台——小水洼有几千米远。是不是对于自己的声音特别有自信?

它们发出如此大的呱呱叫声是有重要原因的，这是在大张旗鼓地吸引更多的雌性黄条蟾蜍。像多彩铃蟾一样，黄条蟾蜍也在水中交配，也需要一个没有鱼的水体来产卵。但糟糕的是，除了鱼，还有蜻蜓和喜水甲虫的幼虫在这里大肆捕食，对它们后代的生存造成威胁。

◇潮湿的育婴室

黄条蟾蜍是最小的本土蟾蜍，它的背部呈橄榄黄色，能够帮助它在泥土中很好地隐藏起来。它平常生活在干燥、排水性很好的沙质土壤中。只有在繁殖季节，才会寻找小水洼。它在水洼边缘爬行的时候，一定要注意，不要踩到它！是的，你没有看错，是爬行。因为它的后腿很短，不能像青蛙那样跳跃，而是通过爬行来向前移动，但也非常灵活，更像小老鼠，而不是笨拙的蟾蜍。通过它背上的亮黄色条纹就能够非常容易地认出它，正如其名，它背上的条纹不是十字架，而是独特的斑纹。

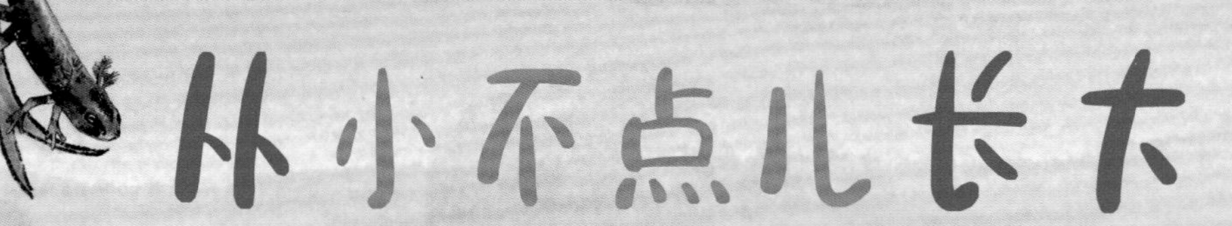

◇两栖动物及其幼体

多彩铃蟾和黄条蟾蜍都属于两栖动物。与哺乳动物不同，大多数两栖动物都不在体内孕育生命，而是在水中繁殖后代，俗称产卵。它们产下的卵，常常附着在水底的植物茎秆、石头或者树枝上。幼体慢慢发育，长出小尾巴，大约1周后，它们就会孵化出来。这时候，它们被称为小蝌蚪，看起来与它们的爸爸妈妈完全不同。它们还没有肺，只能用鳃呼吸，有时鳃会以有趣的簇状挂在小脑袋外面。但不要担心：短短1个月内，它们就会长大成年，与它们爸爸妈妈的外表一样了。一开始，它们非常小，不比小熊糖大多少，但很快就会长大，学会跳或者爬，寻找新的水体作为家园。

◇不常见的客人

有时候，在比较大的水洼中还能发现长满金黄色斑点的火蝾螈幼体。火蝾螈喜欢在森林小溪或池塘中产崽，但如果遇到一个没有鱼的水洼，它也会欣然接受。与其他两栖动物不同，火蝾螈的幼体是在妈妈的子宫中成长，而不是以卵的形式在水中孵化，小火蝾螈幼体诞生在水中，接着就要靠自己慢慢长大了。

火蝾螈幼体
8周
60毫米
（此时还有鳃）

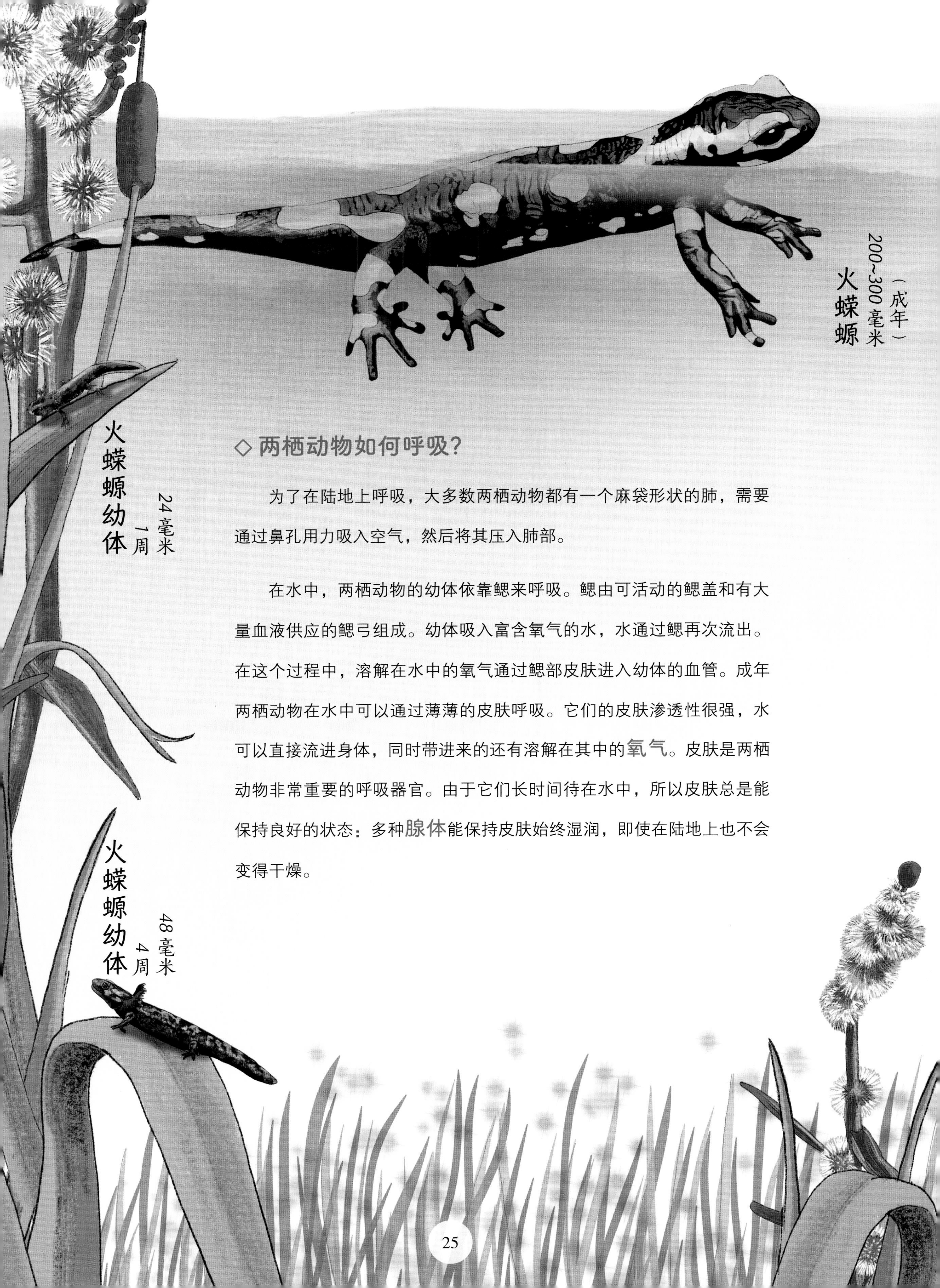

◇两栖动物如何呼吸？

为了在陆地上呼吸，大多数两栖动物都有一个麻袋形状的肺，需要通过鼻孔用力吸入空气，然后将其压入肺部。

在水中，两栖动物的幼体依靠鳃来呼吸。鳃由可活动的鳃盖和有大量血液供应的鳃弓组成。幼体吸入富含氧气的水，水通过鳃再次流出。在这个过程中，溶解在水中的氧气通过鳃部皮肤进入幼体的血管。成年两栖动物在水中可以通过薄薄的皮肤呼吸。它们的皮肤渗透性很强，水可以直接流进身体，同时带进来的还有溶解在其中的氧气。皮肤是两栖动物非常重要的呼吸器官。由于它们长时间待在水中，所以皮肤总是能保持良好的状态：多种腺体能保持皮肤始终湿润，即使在陆地上也不会变得干燥。

水中幼儿园

◇ 小水洼保温箱

在泥土里钻来钻去真是太有趣了！在水中任意地游来游去，偶尔爬上一片草叶，像在摇晃的船桅上放哨，再不时地追逐小蝌蚪或其他昆虫幼虫，寻找埋藏的卵，把自己搞得脏脏的——是不是很好玩?

对于许多两栖动物和昆虫的幼体来说，这就是日常生活。两栖动物和昆虫会在所经过的每一个小水洼中都产下后代，在那里照顾它们或者是由它们自己长大。幼体生活在小水洼中非常惬意，这里有很多吃的，敌人也很少，而且在阳光的照射下，小水洼的温度很快就会升高。这对幼体非常有好处，在温暖的环境下，它们能够更快地发育成年。但是，小水洼随时都可能干涸，它们必须赶紧长大脱离这里。

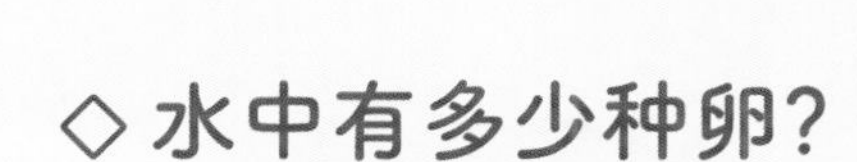

◇水中有多少种卵?

在水中，最容易识别的卵来自两栖动物，因为它们总是成群结队地出现，种类可以这样区分：小小的黏膜包中的是多彩铃蟾的卵，长长的成串的是黄条蟾蜍的卵，大大的团状的则是青蛙的卵。许多昆虫也喜欢在水中产卵。

◇你在水中发现了那些幼虫?

哦，很多——例如，两栖动物、蜻蜓、甲虫、蚊子和各种苍蝇的幼虫。你肯定第一眼就能认出其中一个：石蛾的幼虫。它生活在一个由小石头或木头筑成的漏斗状外壳中，既安全又稳固。这个外壳看起来像背在肩上的箭袋，它的名字因此而来（石蛾德语译名为“箭袋飞虫”）。石蛾自己绕着吐线，织出来箭袋般的外壳，然后外面再用它能够在水洼里找到的一切东西来加固，例如沙砾、植物残渣和小石头。

红色警报

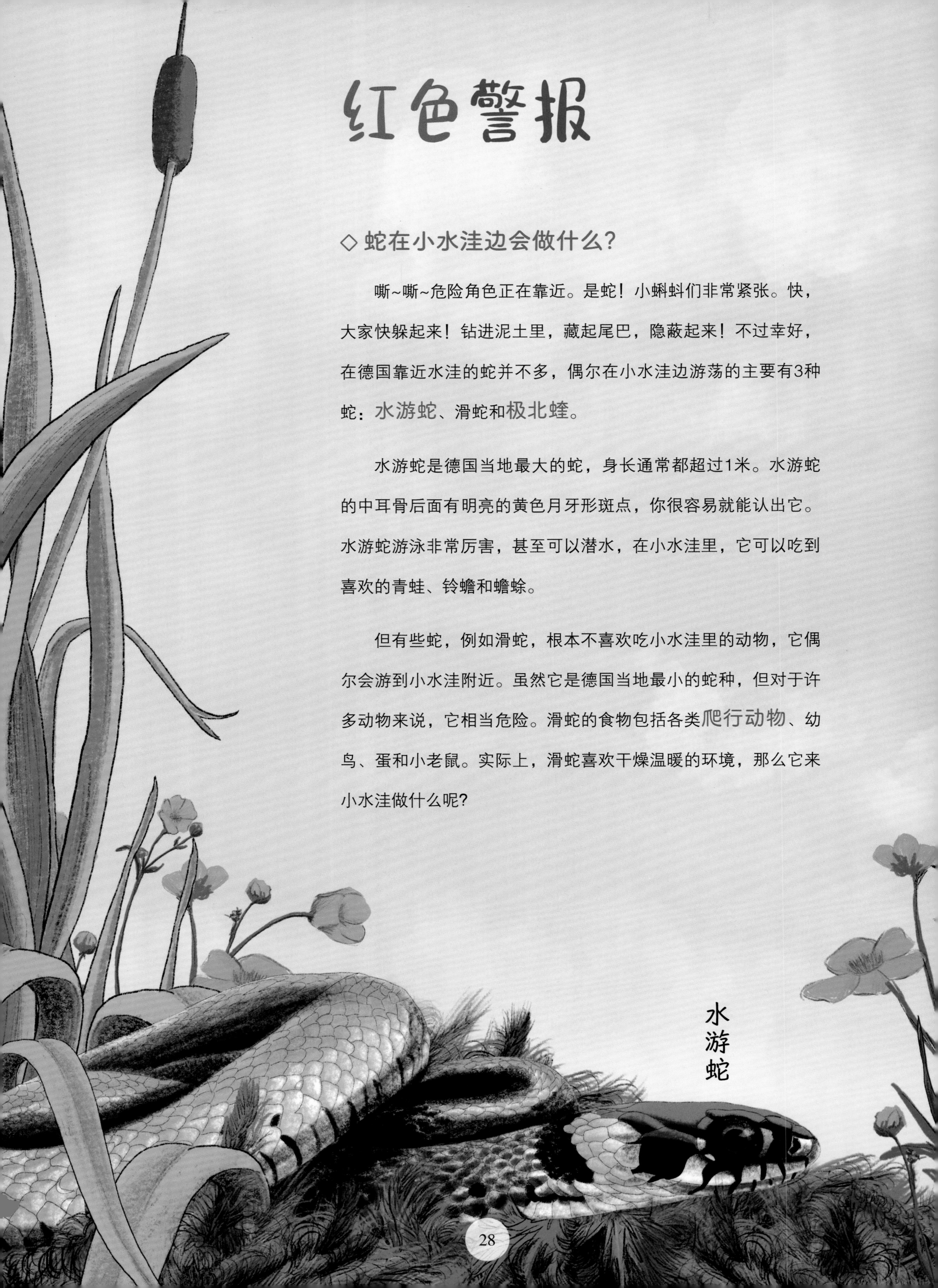

◇ 蛇在小水洼边会做什么？

嘶~嘶~危险角色正在靠近。是蛇！小蝌蚪们非常紧张。快，大家快躲起来！钻进泥土里，藏起尾巴，隐蔽起来！不过幸好，在德国靠近水洼的蛇并不多，偶尔在小水洼边游荡的主要有3种蛇：水游蛇、滑蛇和极北蝰。

水游蛇是德国当地最大的蛇，身长通常都超过1米。水游蛇的中耳骨后面有明亮的黄色月牙形斑点，你很容易就能认出它。水游蛇游泳非常厉害，甚至可以潜水，在小水洼里，它可以吃到喜欢的青蛙、铃蟾和蟾蜍。

但有些蛇，例如滑蛇，根本不喜欢吃小水洼里的动物，它偶尔会游到小水洼附近。虽然它是德国当地最小的蛇种，但对于许多动物来说，它相当危险。滑蛇的食物包括各类爬行动物、幼鸟、蛋和小老鼠。实际上，滑蛇喜欢干燥温暖的环境，那么它来小水洼做什么呢?

很显然：它渴了！

极北蝰也喜欢来小水洼边喝水，但它对小青蛙、蜥蜴和老鼠更感兴趣。如果一只蟾蜍或一只猫头鹰碰巧从它附近经过——谁知道会发生什么?

小心，极北蝰有毒！它背部有漂亮的人字形图案和有狭长的瞳孔，你可以很快认出它。

◇为什么蛇总爱吐舌头?

你知道吗？蛇用舌头来辨别味道。它们一般会快速伸出舌头获取空气中的气味颗粒，然后放进嘴中。那里有它真正的嗅觉器官——犁鼻器。大多数蛇的舌头是分叉的，这样就能粘到尽可能多的气味颗粒。为了捕捉气味颗粒，蛇必须伸出舌头来。

小水洼里的动物是如何呼吸的?

◇用呼吸管、皮肤和鳃呼吸

世界上很少有人能够不带氧气瓶在水下憋气超过1分钟。没有通气管和氧气瓶等辅助工具，30~90秒后，大多数人就会无法呼吸，不得不浮出水面喘气。少数小水洼里的动物，例如蚊子幼虫也会利用呼吸管呼吸。一些水虫和甲虫幼虫也有用来呼吸的管子，其功能类似于进气管。蝎蝽则用它的长刺来呼吸。

静水椎实螺和平角卷螺都有可关闭的呼吸孔。在水中，它们会关闭呼吸孔，通过其薄而透水的皮肤进行呼吸。当它们浮到水洼表面时，就会打开呼吸孔，让空气流入肺部。

安全起见，水甲虫会折起翅膀，把空气储存在里面，再潜到水下。但这对于长时间的水下冒险来说是不够的，所以它们每隔几分钟就浮出水面。仰泳蝽利用腹部的毛裹着空气带入水下，由于空气的浮力，它潜入小水洼时不会下沉，而是在水面上漂浮着等待美味的昆虫和蝌蚪。

漂亮的划蝽也有类似的技巧：当它浮出水面呼吸时，它将空气储存在颈部的空腔中；当它潜入水中时，空气泡就像一层薄膜一样覆盖它的整个身体，足够它在水下生存很长时间。

◇用肢体呼吸

不仅蝌蚪通过鳃呼吸，鲎虫也利用鳃呼吸，不过它的鳃不在头上，而在腹部的附肢上，被称作“书腮”，动物学家也称它为“鳃足小龙虾”。

石蛾的幼虫也用鳃来呼吸。它漏斗状的外壳两边都是开放的，淡水从这里流过时，它就能从中获取氧气了。

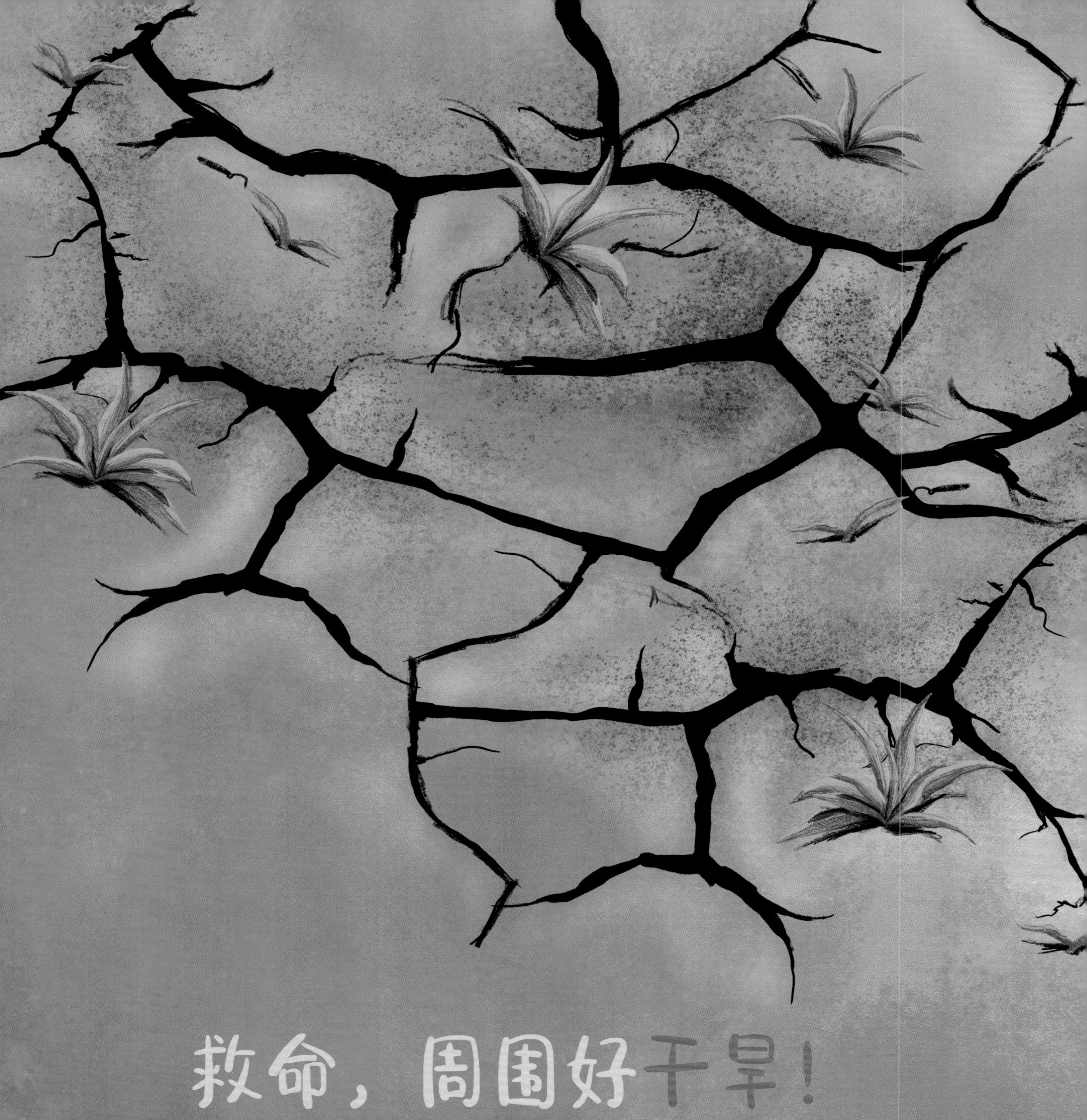

救命，周围好干旱！

太阳无情地燃烧起来照射着大地。天气非常炎热时，你会如何降温？吃冰激凌？跳进附近的湖里游泳？来一场水枪大战？站在电风扇跟前？可惜，小水洼里的居民可不能这么做。

◇小水洼干涸时，里面的居民会做什么?

你肯定会猜小水洼里的居民会离开小水洼，去凉快一点、潮湿一点的地方，这个猜测很接近事实，如果遇到小水洼干涸的话，许多昆虫就会直接飞走。两栖动物也不会坐以待毙，它们会爬离小水洼，在不远的地方等待。例如，多彩铃蟾就会爬到小水洼附近，静等一场倾盆大雨，填满小水洼。当然，它不会傻乎乎地、毫无防范地坐在附近，为了安全起见，它会隐蔽在泥土里。即使是在炎热的天气，泥土层也会有残留的水分，这确保了多彩铃蟾的敏感表皮不至于干燥。很聪明，是吧?

◇保持干燥，静等雨水来临

在炎热的日子里，你还可以选择待在家里，紧闭门窗，把自己调整为“节能模式”，尽可能地少动。水洼里的小动物们采取同样的策略——蜷缩起来。水熊虫们会在第一时间，将自己的身体干燥。剑水蚤也会把自己包裹起来，利用腺体产生黏液，这样它就像是披上了一件保护斗篷。许多昆虫的卵，以及水蚤、其他小型甲壳类动物和神奇的远古动物鲎虫都有一个特别坚固的外壳，可以很好地帮助它们抵御干燥。这些小动物们只需静等小水洼再次充满水。有时小水洼很快就会再次有水，有时则需要等上几年。但这并不重要，至少对鲎虫来说如此，它能够在干旱的情况下静等约27年。

像羽毛一样轻的飞行超人

丝蟌

◇ 蜻蜓

小水洼在阳光的照耀下闪闪发光，欢迎着各种各样小动物的到来。一种优雅、纤细、炫目的神秘生物在小水洼上方呼啸而过，它身着华丽、闪亮的服装，在阳光下像宝石一样闪闪发光，这就是蜻蜓。它们有着极其高超的飞行技巧，不仅能够上下左右四处飞，灵活变向，甚至可以直接空中悬停。这种小小的昆虫究竟是如何拥有如此强悍的飞行能力的呢？其实，这完全得益于它那轻巧而坚韧的两双翅膀。炎炎夏日中，怎么能缺少蜻蜓的身影？就像我们躺在海滩上，不能没有冰激凌一样。

在小水洼旁，你可以观察到这几类蜻蜓，如丝蟌（cōng）、细蟌、晏蜓和基斑蜻。它们悄无声息地从头顶或身边飞过。你能听到它们轻轻的呼吸声吗？它们告诉你什么美好的事情？

基斑蜻

◇ 像风一样快

有些德国当地的蜻蜓甚至长着10厘米长的翅膀，有了这

样的翅膀，它的飞行速度丝毫不逊于在小镇行驶的汽车的速度。

蜻蜓飞行的最高时速约40千米！如果它不喜欢这里的话，就会立刻飞走。有些蜻蜓在短短几天内就能飞行约1000千米！

◇ 爱的心脏

当雄性和雌性蜻蜓遇到彼此后，会摆出一个漂亮的爱心姿势。因此在法语中，它也被称为爱的心脏。这听起来非常浪漫！

雌性蜻蜓会将卵产入水中，或小水洼边缘的植物茎秆上。卵在水和泥土中发育，逐渐孵化成幼虫。蝌蚪和小昆虫就危险了，这些都是蜻蜓幼虫的食物。当幼虫成年之后，它就会爬上植物茎秆，嗡一下，飞走了。

啊，这么好的泥巴！

◇燕子为什么这么迫切地寻找小水洼?

你可以用泥巴捏成小泥团或者揉成球，但最好还是把泥巴留给燕子。因为对于燕子来说，泥巴是它们绝好的筑巢材料，而小水洼则是能找到泥巴的重要地方。没有这些泥土和水的混合物，它们就没办法为幼仔筑巢。燕子用大约1500个小泥块来筑造巢穴。在筑巢的过程中，它们必须用喙（huì）衔着一个一个小泥块飞到筑巢地点，并与长长的草混合，将其粘在其他的块状物上，然后再用唾液黏在巢穴外壳上。这项艺术作品通常需要大约14天的时间来完成，非常烦琐。

◇筑巢：半球形和茶杯形

家燕总是用泥或黏土筑巢，而且巢与巢之间相隔不远；而西方毛脚燕则喜欢把巢穴建造在一起，它们属于群居繁殖者，喜欢把封闭的半球形巢穴附着在房屋、桥梁和塔楼的粗糙外墙上，这样它们的巢穴就能在屋檐下、拱门和水槽中得到很好的

保护。而家燕则喜欢在房屋、车库、马厩、棚屋或车间内筑造杯状、敞口的巢穴，像小茶杯一样，挂在墙壁、横梁、房檐或者管道上。为了到达它们的巢穴，家燕能够像箭一样准确而快速地收紧翅膀，然后以极快的速度穿过建筑物的孔洞。

家燕

◇ 如果燕子低飞，一定要带上伞?

通过燕子的飞行行为真的可以预测天气！如果燕子飞得高，代表天气会一直很好；如果它低飞了，则说明带着风雨的低气压正在靠近。因为它们的食物——蚊子和苍蝇会在风雨来临时飞得很低，燕子要想捕食它们，也只能低飞。当雷雨来临时，燕子会飞得更低，以避免被风刮走。但要注意：这种预报天气的方式只适用于下午，因为燕子通常在上午飞得较低，晚上飞得较高。

“脏兮兮的麻雀”正慢慢消失！

◇小水洼越来越少，麻雀也越来越少

与大家常常听说的“脏兮兮的麻雀”相反，家麻雀实际上是个非常爱干净的小家伙。它很喜欢洗澡，只要有机会，它就会跳到水里，清洗自己的羽毛，所以它是小水洼的常客。但遗憾的是，小水洼越来越少了，因此，家麻雀也慢慢消失了！人类建造了太多的东西，在道路上填水坑、铺沥青。虽然家麻雀也喜欢在沙子里洗澡，但沙子里的昆虫和其他小动物不像小水洼里那么丰富，而家麻雀的幼雏需要这些作为食物，虽然它们长大后只吃植物，但小的时候，还是需要吃蚊子、苍蝇、毛毛虫、蚂蚁或者蜘蛛的。为了不让它们的食物变得匮乏，我们应该开始保护小水洼了。

◇谁是这里的老大?

鸟类中也是等级森严的，至少在雄性鸟类中如此。以麻雀和家麻雀为例，其鸟群中有明确的规定：哪一只雄鸟的喙颜色最深，它就在群体中拥有最高发言权，位于等级制度的顶端，其他鸟都要敬它三分。它能从中获得什么呢？最重要的一条就是，它可以首先进食。

◇当天气变冷了……

麻雀是如何保暖的呢？它们有一种非常聪明的技能：趁着冬天到来之前，长出更多的羽毛！浓密的羽毛不仅保暖效果很好，还可以蓬松起来，形成气囊，真正地捕获和保持热量。这时的麻雀看起来就像是可爱的小羽绒球。

好多绿色

◇ 小水洼里的植物和水藻

对于居住在小水洼里面或者小水洼周围的生物而言，生存都是巨大的挑战，因为小水洼常常干涸。大多数植物都无法生存在这样的环境中，因此小水洼附近的植物非常稀少。但根据小水洼所处地理环境的不同，例如在草地上、溪流边、沼泽地或森林中，会出现不同的典型植物，例如，**宽叶香蒲**、**毛茛**、**狐尾草**和**灯芯草**。

但你最有可能在小水洼中发现的是藻类。藻类？它们不是不算植物吗？它们没有茎、叶或根！确实如此，但它们仍更接近于植物种类，因为许多藻类都可以进行**光合作用**，就像植物一样。在小水洼中常常出现单细胞**硅藻**，是由二氧化硅组成的精密纤巧的丝网状结构，像大自然的杰作一样。让人感到惊讶的是，

这么微小的生物却坚固无比，德国科学家发现，有3种硅藻可以承受每平方米100~700吨的压强，相当于约20头成年大象站在桌子上产生的压强才能使其破裂。在小水洼中还能发现**绿藻**和**金藻**。它们不像硅藻那么坚硬，但非常漂亮。千万不要熄灭小水洼的光源！一旦所有的光源熄灭，其中的金藻就会变成贪婪的小怪物，突然改变进食目标，从无害地进行光合作用变成猎食其他生物，例如细菌和硅藻。

◇ 小心，有毒！

一定要小心长期暴露在阳光下的水洼，有毒的蓝绿藻可能埋伏在其中。蓝藻的名字非常具有迷惑性，它不是藻类，而是细菌——蓝细菌，它在水中呈蓝绿色的丝状。这种细菌对人类和动物都非常危险。虽然人类通常不会喝水洼里的水，但如果你养狗，一定要小心，不要让它喝。

用大眼睛看小东西

◇ 该怎么观察小水洼里的生物？

没有什么比这更容易的了！所有人都可以做到：只要坐在小水洼边等待，认真地盯着就可以了。但最好不要打扰这里和附近的动物。你也可以用带有放大镜的杯子捞一些水进行观察，这样就能观察到水中活跃的生物。在较大的水洼中，你也可以用小网捕捉小动物，进行简短的观察，但千万别忘了事后把它们放回去。有一个更好的建议则是收集几滴水放在显微镜下观察。在光学显微镜下，你甚至可以观察到最小的动物，因为光学显微镜能把物体放大约1000倍。

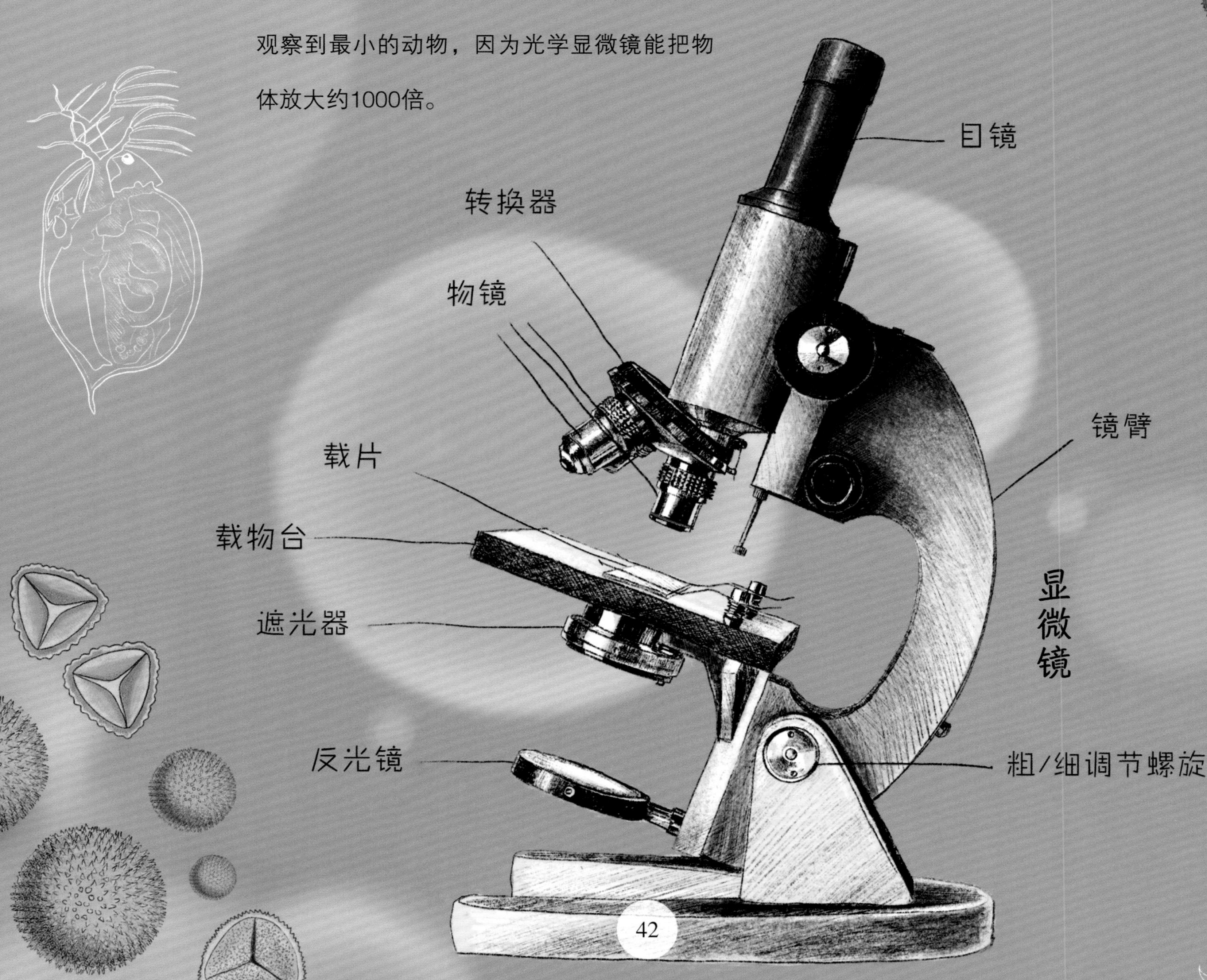

◇两个镜头看到的东西比一个要多

在能够使用显微镜观察微小生物前，人类走了很长一段路。2000多年前，人们就已经懂得将充满水的玻璃球当作放大镜来观察物体。用磨成片状的玻璃作为放大镜和眼镜，也已经存在了好几百年。但直到意大利天文学家伽利略·伽利雷（Galileo Galilei）在1609年制造了一台能够放大约30倍的望远镜，显微镜的发明才真正有了进展，只需稍加修改，每台望远镜都可作为显微镜使用，原理很简单：

用两个放大镜比用一个放大镜看得更清楚，第二个放大镜放大了第一个放大镜的图像。换句话说，就是一个双重的放大镜，将两个非常小且放大倍数很高的镜片叠放在一个管子里，一个镜头在前端（物镜），一个在后端（目镜）。第一台双透镜显微镜是由英国物理学家罗伯特·胡克（Robert Hooke）制造的。从那时起，人们就不断利用显微镜来发现之前从未发现的事物！

◇温暖的心跳动得更快

运气好的话，你能在从小水洼里取到的水滴中发现水蚤。瞧瞧，它背部的小心脏跳得多快啊！如果水温较低的话，它的心脏就会跳动得慢一些，因为恒温动物的心跳速度取决于周围的温度。数一数在冷水中水蚤的心脏在10秒钟内跳动的次数。然后开着灯等待大约10分钟，等水滴的温度上升一些，再数一数水蚤10秒钟心跳的次数。

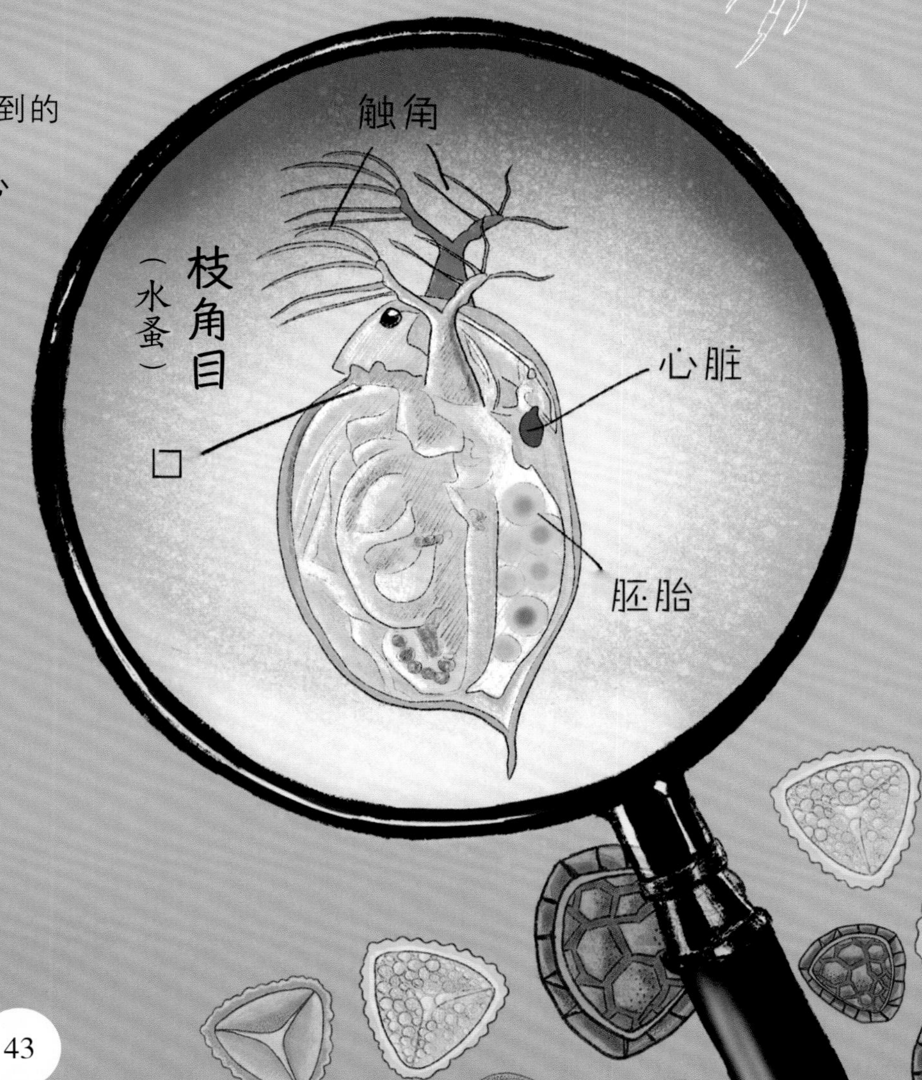

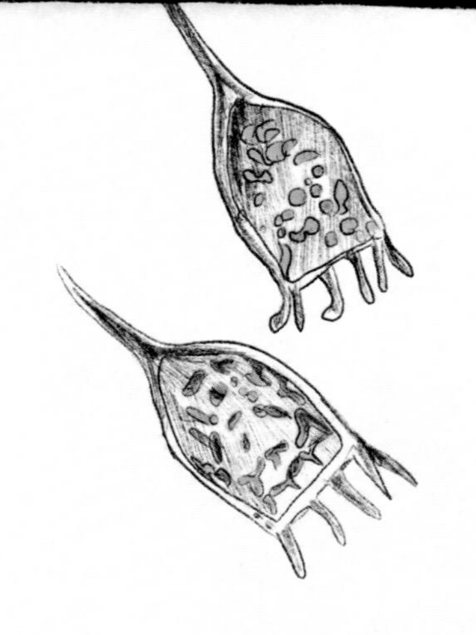

吃与被吃

◇ 食物链

人类的生活真的很好！ 可以在超市购物，轻易地就能买到想吃的东西，而不必担心自己最后会出现在别人的购物车里。哎，小水洼里的小动物们就不能理解这种生活了，它们必须日复一日地寻找食物，并时刻警惕防止被其他饥饿的动物吃掉。

小的甲壳动物通常都是无害的，如水蚤、剑水蚤。还有有趣的纤毛虫、草履虫、蚊子幼虫，以及黄条蟾蜍和多彩铃蟾的幼虫（蝌蚪）。它们吃小水洼石头边、植物茎秆上或漂浮在水中的细菌和藻类就够了，几乎对其他小动物不造成伤害。

水熊虫则恰恰相反，它们喜欢吃其他小动物，例如看到轮虫，它们就会迫不及待地扑上去捕食。而水熊虫又是其他动物的食物，吃水熊虫的动物又被另外的动物捕食，如此延续。像有魔法一样，小水洼里的动物们总

水熊虫

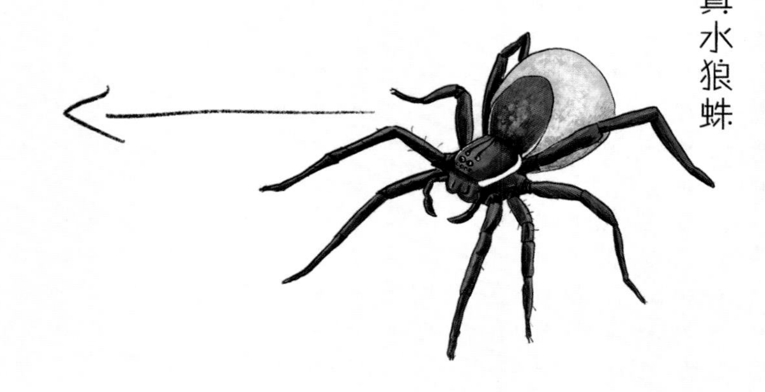

是这样互相追逐捕食！几乎每一个物种都是别的物种的食物，这种关系被称为食物链。站在食物链顶端的角色总是会哈哈大笑——就像我们在超市里一样……

◇ 埋伏攻击

小水洼里还有一种非常“讨厌”的小掠食者——蜻蜓幼虫。它无声地潜在小水洼底部，直到其他幼虫、昆虫、水蚤或蝌蚪等美味的食物游过身旁，它就开始出动。它的捕食工具隐藏在嘴两侧，看起来天真无害，但当它张开捕食工具时，游过的小动物就要遭殃了。仅仅一瞬间，蜻蜓幼虫迅速伸出它那一对像钳子一样的捕猎工具，牢牢地抓住猎物，再也不松开，猎物一点逃走的机会都没有，只能成为蜻蜓幼虫的盘中餐了。

冰封时期

◇为什么冰冻的小水洼那么容易碎裂?

冬天的早上，当你起床拉开窗帘或者拉起百叶窗时，有时会惊喜地发现，外面一夜之间就堆起了雪！整片天地银装素裹，好漂亮！但是，外面一定非常冷！想知道寒风来临时小水洼里发生了什么吗? 要找到答案，只需做一件事：戴上帽子、穿上大衣和厚靴子，戴上围巾和手套，出发！

在这样的日子里，一切都那么安静：雪静静地从树上滑落下来，轻轻地飘到地上，披上雪衣的一切闪闪发光，美丽无比。简直就像仙境！树上的水滴已冻结成千千万万的小冰锥，湖面、溪流和池塘也结了冰。走过小水洼时，还会发出噼里啪啦的响声。咦? 小水洼的冰层怎么这么容易就碎裂了?

◇奇怪，这些小水洼里面是空的吗?

是的，的确是空的！为什么会这样呢？这很简单：像所有水体一样，小水洼在冬天是从上而下结冰，从小水洼的边缘开始冻结。边缘和水面的细小冰层慢慢蔓延，一直到小水洼的中心。每个小水洼中间形成的冰层的颜色和形状都不一样，有的是浅色，有的是深色，有的是圆圈形，有的是螺旋形。在英语中，这种现象也被称为猫冰（cat ice），因为它最多只能承载一只小猫轻轻踩踏的重量。而有时，由于冰层的存在，从地面或动物的**新陈代谢**物中释放出的气体无法再逃到周围的空气中，在冰和小水洼底部之间就会形成一层空气。正是这些空气使冰冻的小水洼内部变空，从而变得更加脆弱。所以在冬日散步时会传出这些神奇、噼噼啪啪的碎裂声。像不像行走的艺术?

冬天这么冷

◇小水洼被冻住了，里面的居民会做什么呢？

德国的冬天非常寒冷，让人瑟瑟发抖！德国最冷的居住地——厄尔士山脉的库恩海德，几乎每年都会出现-30℃以下的低温。而在阿尔卑斯山的一些高山地区，还会更冷。但寒冷带来的不仅仅是瑟瑟发抖，还有很多欢乐：在冬天，人们可以坐着雪橇从斜坡上滑下来，还有堆雪人、滑雪、滑冰、打雪仗，还可以去寻找冰冻的小水洼。如果你不想在外面玩了，还可以舒服地躺在沙发上喝着热可可，捧着喜欢的书。或者裹着柔软的毛毯，蜷缩在温暖、噼啪作响的壁炉前。噢，多希望这样美好的日子能一直延续下去！

◇居住在小水洼里的动物在做什么呢？

它们也需要休息一下。例如，多彩铃蟾从10月就开始冬眠，把自己埋在水体的淤泥中或陆地的地洞中。直到3月底，它才会冒险走出藏身处。水熊虫蜷缩起来，释放掉自己身上的水分。鲎虫的卵可以在没有水的情况下生存几十年。水生昆虫要么在陆地上冬眠，要么像蜻蜓和蝶蛹一样，以卵、幼虫或蛹的形式在水中度过寒冷的季节。一种蜻蜓除外：冬季蜻蜓。在德国只有两种冬季蜻蜓：欧洲冬季蜻蜓和三叶黄丝蟌。它们是仅有的以成虫形态，而不是以卵或幼虫的形态在陆地上冬眠的本地蜻蜓。当然，它们会隐蔽起来，在石头或树皮下避开寒风。一些腹足纲动物，在天冷时不仅仅缩进壳里，还会用石灰做的盖子把入口紧紧地封住！例如罗马蜗牛就是这样，冬天在休眠中度过，春天再苏醒过来，开始新的生活——当然，前提是人们在那之前不要打扰惊动它。

欧洲冬季蜻蜓

罗马蜗牛

三叶黄丝蟌

为什么小水洼边总是更加凉爽？

即使是小小的水洼也有降温效果：冬天小水洼旁是寒冷的；在炎热的夏天，对于很多小动物来说，这里就是清凉的乐园。不仅是因为这里有充足的水，还因为它周围较低的温度，就像你夏天最爱去湖里游泳一样，湖边总是让人更凉爽舒服。你知道其中的原理吗？这是因为水在阳光下蒸发，增加了周围的湿度，而空气中的水分反过来又会从空气中吸取热量，从而降低空气温度。这就是你在湖边总是能够感受到清爽凉意的原因了。树木也是以同样的方式降温：在森林中散步时，正是植物通过叶子释放水分，从而使空气更潮湿、更凉爽。

◇ 水都去哪儿了？

饥渴比思乡更可怕！小欧洲粉蝶皮耶里诺也知道这一点。它常常需要补充水分，尤其需要富含盐分和矿物质、有益身体健康的水。这只聪明的小粉蝶知道在哪里可以找到它：在阴凉的森林边缘的小水洼里。皮耶里诺每天都会高兴地飞到小水洼，还会去吸食草地上它最喜欢的花蜜。皮耶里诺是多么喜欢凉爽的小水洼啊！但不幸的是，它现在只看到一片干涸的褐色空地。在那里伸出它长长的口器也没有什么意义了，你也知道，小水洼不时地变干也很正常，皮耶里诺同样知道这一点，于是，它飞快地离开了，希望在某个地方，会有一个更大的池塘或小溪，它可以喝口水。但这几天，一滴雨都没有下，它该去哪里找水呢？可怜的小皮耶里诺……

小水洼的消失

你每天会遇到多少个水坑？出去的时候，记得数一数。一定要注意：只有森林、田野或草地上的水坑才算小水洼，道路上的水坑不属于自然的小水洼。遗憾的是，在一些地区，真正的小水洼已经变得非常罕见。很多人都不喜欢小水洼。汽车轮胎遇到小水洼会打转；小水洼里的泥浆会溅到自行车或者裤腿上；出去散步时，小水洼还会把鞋子弄得又湿又脏。因此，许多小水洼都被填平了。或者，更糟糕的是，为了建造新的道路或住宅区，马路被铺上沥青或柏油。这破坏的不仅仅是一个个有着泥巴和水的小水洼，而是一个又一个完整而又物种丰富的栖息地。

◇ 更多的小水洼，更好的环境

像口渴的小粉蝶皮耶里诺一样，许多动物都在暑天受到影响。当然，

我们人类也是如此！越来越多的人关注到气候变化，即全球变暖。近年来，欧洲一直在经历一个又一个的“世纪之夏”，不仅温度越来越高，超过40℃高温的天气持续时间越来越长，干旱、缺水以及日益严重的破坏性森林火灾也越来越频发。严重的洪水也常常在高温天气后发生。尽管小水洼看着很小，但它的作用不容低估，特别是在降低高温的负面影响方面。在热量容易集聚的城市中，小水洼可以通过蒸发水分来降低周围空气的温度。在有许多小水洼的城市，常常意味着有更多的公园和绿地，这能够使更多的雨水渗入地下，有助于防止暴雨淹没房屋。幸运的是，越来越多的城市规划者已经意识到这一点。他们不再铺设所有的道路、填上沥青，而是规划更多的草地，从而给小水洼更多的空间：作为雨水保留盆地，作为天然的小型冷却系统，作为宝贵的栖息地。

小水洼的明天

◇帮帮大自然：自己建造小水洼

小水洼和水池越多，就有越多的雨水流入其中，而不是从地面流走，这有助于补充地下水，防止干旱，还可以预防洪水，减轻污水处理系统的负担。小水洼也可以直接抵御气候变化，因为无论是在小水洼的泥土中还是在其周围的植物中，都可以储存大量的碳，从而减少了大气中的二氧化碳。小水洼在一定程度上是气候变化的“救星”，这是一种全新的视角，它带来了气候变化的一线希望！最重要的是，建造一个小水洼不太难！

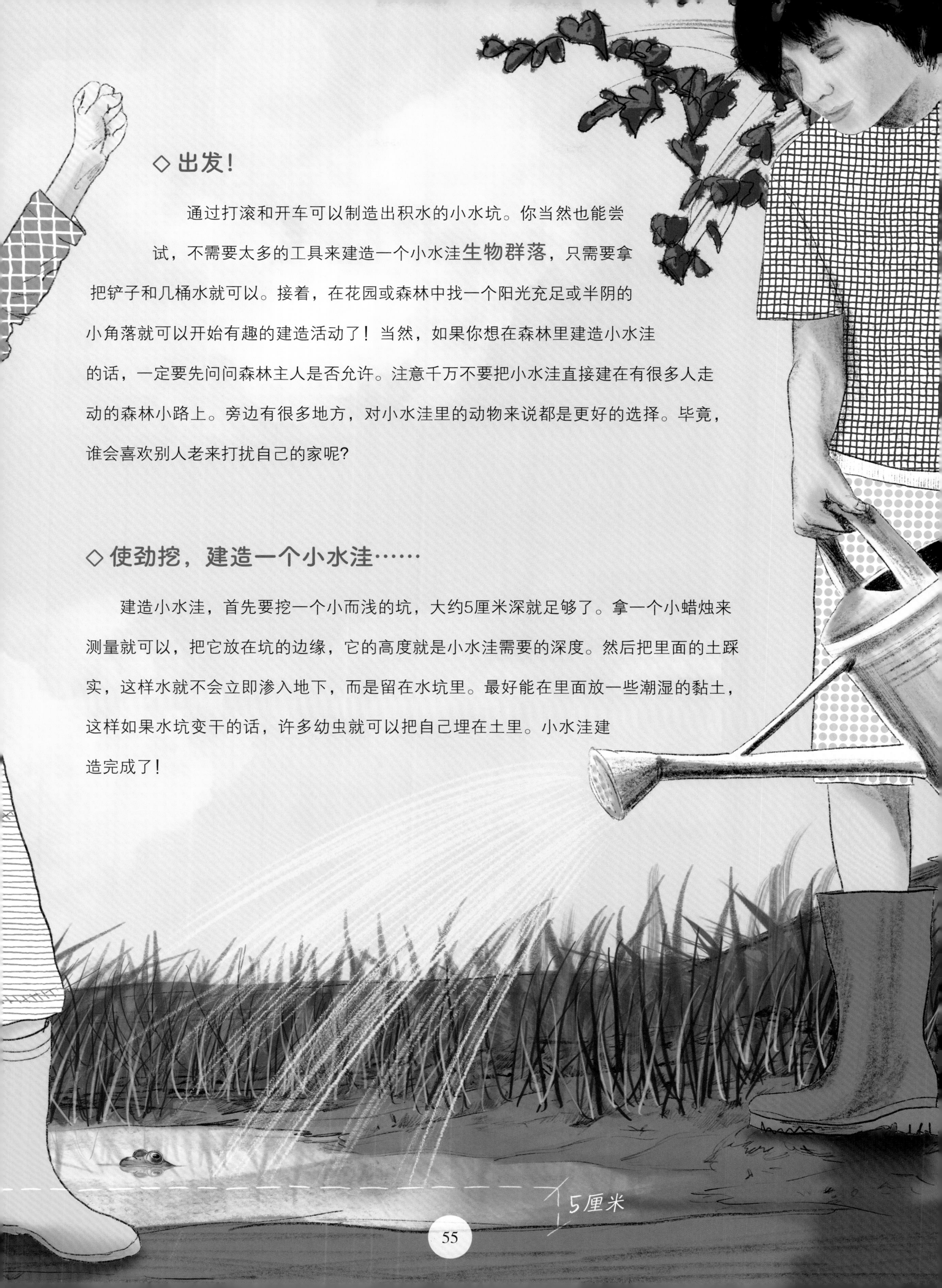

◇ 出发！

通过打滚和开车可以制造出积水的小水坑。你当然也能尝试，不需要太多的工具来建造一个小水洼**生物群落**，只需要拿把铲子和几桶水就可以。接着，在花园或森林中找一个阳光充足或半阴的小角落就可以开始有趣的建造活动了！当然，如果你想在森林里建造小水洼的话，一定要先问问森林主人是否允许。注意千万不要把小水洼直接建在有很多人走动的森林小路上。旁边有很多地方，对小水洼里的动物来说都是更好的选择。毕竟，谁会喜欢别人老来打扰自己的家呢?

◇ 使劲挖，建造一个小水洼……

建造小水洼，首先要挖一个小而浅的坑，大约5厘米深就足够了。拿一个小蜡烛来测量就可以，把它放在坑的边缘，它的高度就是小水洼需要的深度。然后把里面的土踩实，这样水就不会立即渗入地下，而是留在水坑里。最好能在里面放一些潮湿的黏土，这样如果水坑变干的话，许多幼虫就可以把自己埋在土里。小水洼建造完成了！

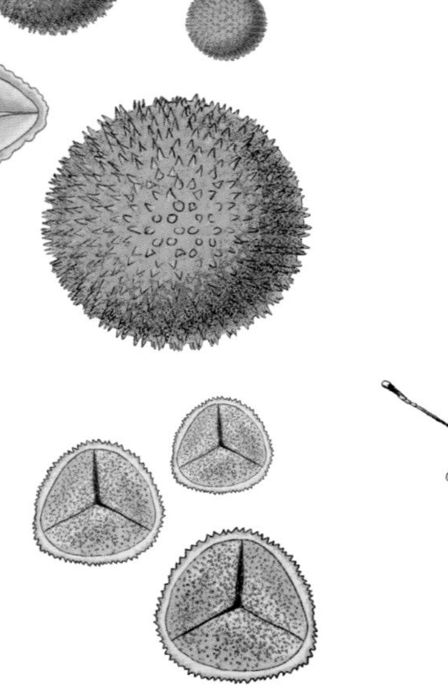

词汇表

生物圈：其中包含栖息地——多个或单个动物、植物物种群落诞生、生长的环境。生物圈也会受到外部因素影响，例如，土壤的类型、空气和水的温度、降水的频率。

壤土：土壤有不同的类型，有一种含沙量极高的松散土壤，捧起来，能够从你的指缝中流淌而过。与之相对的，另外一种含黏土较多的重质土壤，你甚至可以用它卷成一根香肠。在这两个极端之间，还有一些黑暗、潮湿的土壤也很容易成型和揉捏，被称为壤土。

两栖动物：通常为卵生，幼体生活在水中，用鳃呼吸，经变态发育，成体用肺呼吸，皮肤辅助呼吸，水陆两栖。

细菌：单细胞生物体，它们是地球上最简单的生命形式。

孢子：苔藓、真菌、地衣和藻类，还有单细胞生物，如细菌，都是通过孢子传播，就像开花植物的种子一样，孢子的形成是为了让生命体能够继续繁殖。

微生物：它们是如此之小，以至于人们无法用肉眼看到，而是需要用显微镜来观察。许多单细胞生物都属于这一类，如细菌和微小的动物生物体。

花粉：它们在开花植物的花药中形成，能产生雄性配子，接触雌蕊后，可使胚珠授粉，形成带有种子的果实，以后可以从中长出新的小植物。

矿物质：自然界中天然存在的物质，例如在岩石、土壤、水中。动物和植物本身不能产生这些物质，但它们的身体需要许多这类物质。因此，它们需要从外部获得矿物质，例如通过食物。

化石：如果一个生物在地球上生活的时间超过一万年，它就被称为化石。研究人员时常会在地下发现骨头、牙齿或其他的石化部分，这些都是地球历史上远古时期的动物和植物的遗迹。其中一些物种非常出名，例如始祖鸟。

热带：地球上有五个主要气候区，即热带、南温带、北温带、南寒带、北寒带。位于热带气候区被称为热带，其中有沙漠、大草原，也有雨林。热带是地球上最热的地区。

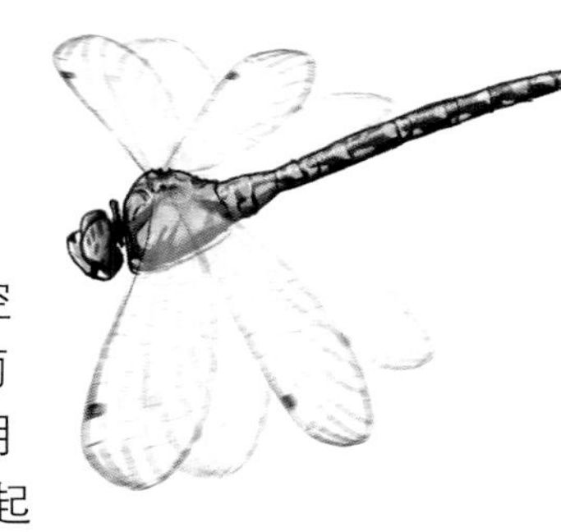

淡水：地球上有淡水、盐水和两者的混合物，即所谓的咸水。我们的地球大约有3/4被海洋覆盖。许多盐分都溶解在这种海水中，这就是为什么它也被称为盐水。在溪流、河流和大多数湖泊中，几乎没有任何盐分被溶解，它们由淡水组成。

石灰：钙、碳和氧的化合物。自然界中的许多东西主要由石灰组成，例如蛋壳、骨头和牙齿，也包括贝壳、蜗牛壳和整座山。

领地：一个动物生活或狩猎的空间。许多雄性动物需要领地，不喜欢与同种的其他雄性动物分享领地。这就是为什么动物间经常发生领土争夺战，特别是在交配的时候。

瞳孔：眼睛晶状体的一部分，是一个“可以看穿的洞”。光线可以通过这个通道落入眼睛的内部，它被虹膜所覆盖保护。之所以这样称呼它，是因为眼睛的颜色主要来源于它。

本土物种：生活在其出生地的生命体。

腺体：当你出汗时，一种含盐的液体通过皮肤分泌出来，以冷却身体防止过热。正因为我们人类的皮肤上有汗腺，才可以产生这种液体。两栖动物也有腺体。例如，那些能够产生黏液、保持表皮湿润的动物。

氧气：你看不到它，也闻不到它，但它对我们的呼吸至关重要。我们周围的空气有1/5是由氧气组成的，水中也含有氧气。

爬行动物：属于脊椎动物亚门，其中包括乌龟、蜥蜴和蛇等。

犁鼻器：嗅觉器官，一些脊椎动物的犁鼻器特别发达，特别是爬行动物，马、狗和猫的犁鼻器也特别灵敏。

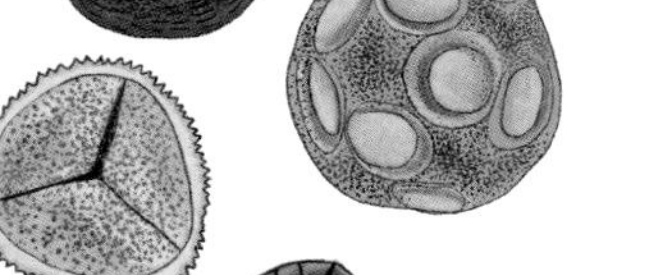

光合作用：由于叶子中的绿色色素，即所谓的叶绿素，植物可以从阳光、空气和水中生产自己的能量来源——葡萄糖。其中，它们将部分转化为淀粉，用它来“建造”自己的身体，并将其储存起来，以备不时之需。

恒温动物和变温动物：哺乳动物通过食物的新陈代谢来产生稳定的体温（约37℃）；而两栖动物、爬行动物和昆虫则与之相反，它们的体温随着外界温度的变化而变化，所以一些变温动物会通过晒太阳以使体温升高，从而开始活动。

新陈代谢：无论是人类、动物还是植物，都需要吸收营养物质，并在体内转化为生活所需的其他物质——简而言之，它们“代谢”营养物质，这也是它们获得能量的方式。

蛹：是指一些昆虫从幼虫变化到成虫的一种过渡形态，是昆虫发展的四个阶段之一。以蝴蝶为例，首先，雌性在植物上产卵。几天后，幼虫（在蝴蝶中它们被称为毛虫）从卵中孵化。一旦它们吃饱了植物，成熟后就变成了蛹。

花蜜：花朵为吸引昆虫而产生的含水、含糖、有甜味和有营养的液体，也叫花汁。

二氧化碳：碳和氧的化合物。二氧化碳和氧气一样，是一种无色、无味的气体。在植物的光合作用、动物和人类的呼吸作用中，以及在煤炭、原油和天然气的燃烧中，它作为一种“废物”产生。在我们的大气中，太多这样的物质会破坏气候。

生物群落：同一时间聚集在同一区域或环境内的各种生物种群的集合。虽由植物、动物和微生物等各种生物有机体构成，但有序协调地生活在一起。